U0813950

“水文与水资源工程国家特色专业建设项目”资助

水文学原理与水文测验
实验实习指导书

易珍莲　梁　杏　编著

中国地质大学出版社有限责任公司
ZHONGGUO DIZHI DAXUE CHUBANSHE YOUXIAN ZEREN GONGSI

图书在版编目(CIP)数据

水文学原理与水文测验实验实习指导书/易珍莲,梁杏编著.—武汉:中国地质大学出版社有限责任公司,2011.6

ISBN 978-7-5625-2555-4

Ⅰ.水…
Ⅱ.①易…②梁…
Ⅲ.①水文学-实验-高等学校-教学参考资料②水文测验-实验-高等学校-教学参考资料
Ⅳ.P33-33

中国版本图书馆 CIP 数据核字(2011)第 060482 号

水文学原理与水文测验实验实习指导书 **易珍莲 梁杏 编著**

责任编辑:王凤林 胡珞兰 责任校对:戴 莹

出版发行:中国地质大学出版社有限责任公司(武汉市洪山区鲁磨路 388 号) 邮政编码:430074
电 话:(027)67883511 传 真:67883580 E-mail:cbb @ cug. edu. cn
经 销:全国新华书店 http://www.cugp.cug.edu.cn

开本:787 毫米×1 092 毫米 1/16 字数:52 千字 印张:2
版次:2011 年 6 月第 1 版 印次:2011 年 6 月第 1 次印刷
印刷:荆州市鸿盛印务有限公司 印数:1—2 000 册

ISBN 978-7-5625-2555-4 定价:6.00 元

如有印装质量问题请与印刷厂联系调换

中国地质大学(武汉)实验教学系列教材

编 委 会 名 单

主　任：唐辉明

副主任：向　东　杨　伦

编委会成员：(以姓氏笔划排序)

牛瑞卿　王　莉　王广君　王春阳　何明中

吴　立　李鹏飞　杨坤光　杨明星　卓成刚

周顺平　罗新建　饶建华　夏庆霖　梁　志

梁　杏　曾健友　程永进　董元兴　戴光明

选题策划：

梁　志　毕克成　郭金楠　赵颖弘　王凤林

前　言

《水文学原理与水文测验》是水文学专业必修的专业基础课，气象观测和流量测验是水文学专业学生必须掌握的基本技能。为了适应教学需要，在"水文与水资源工程"品牌专业建设项目资助下，编写本课程的实习指导书。

《水文学原理与水文测验实验实习指导书》主要包括两大部分。第一部分是实验部分，包括气象观测和流量测验两个实验，其目的是训练学生如何采集气象要素，以及采用毕托管和比压计测量断面流量。第二部分是实习部分，主要是对实验收集到的数据进行整理，如气象要素资料整理和断面流量的计算。同时，为了配合课堂教学内容，还设置了部分习题和上机训练，进一步巩固课堂教学内容，加深对基本概念和计算方法的理解。

内容中难免有纰漏之处，欢迎批评指正！

编　者

2011.4

目 录

实验一　气象站与气象要素观测

一、实验目的

1. 了解气象观测站场地仪器安装布局。
2. 了解小型自动气象站的仪器结构及自动数据采集系统。
3. 学习主要气象要素的观测方法。
4. 分析主要气象要素的变化规律。

二、气象站场地与站内仪器

2.1　场地基本要求

气象站场地是代表本地区较大范围内气象要素特点和天气、气候特征的地方，因此要求场地平坦空旷，观测场四周应设高度约1.2m的稀疏围栏，没有高大建筑物、树林和大水池，不应种高秆作物，以保证气流的通畅。

通常观测场大小应为25m×25m，场地应该平整，保持有均匀草层，场内要铺设0.3～0.5m宽的小路。

2.2　观测场内的仪器布置

观测场内的仪器布置如图1-1所示。

场地内布置的主要仪器有风速风向仪、干湿球温度表、最高最低温度表、小型蒸发皿、雨量器、气压计等。

本观测站配备有HOBO小型自动气象站，如图1-2所示，含有温度、湿度、风速风向、雨量、气压等传感器，并可以通过自动数据采集器获取气象要素系列数据。

三、气象观测内容

3.1　气温及湿度的观测

3.1.1　观测仪器

观测仪器有简易百叶箱中的普通温度表、最高温度表、最低温度表、干湿球温度表，如图1-3所示。

3.1.2　观测内容与方法

观测当天的最高温度和最低温度、大气湿度。

最高最低气温直接从百叶箱中的温度表读取。在观测最低温度表时，眼睛应平直地对准游标离感应部分远的一端。

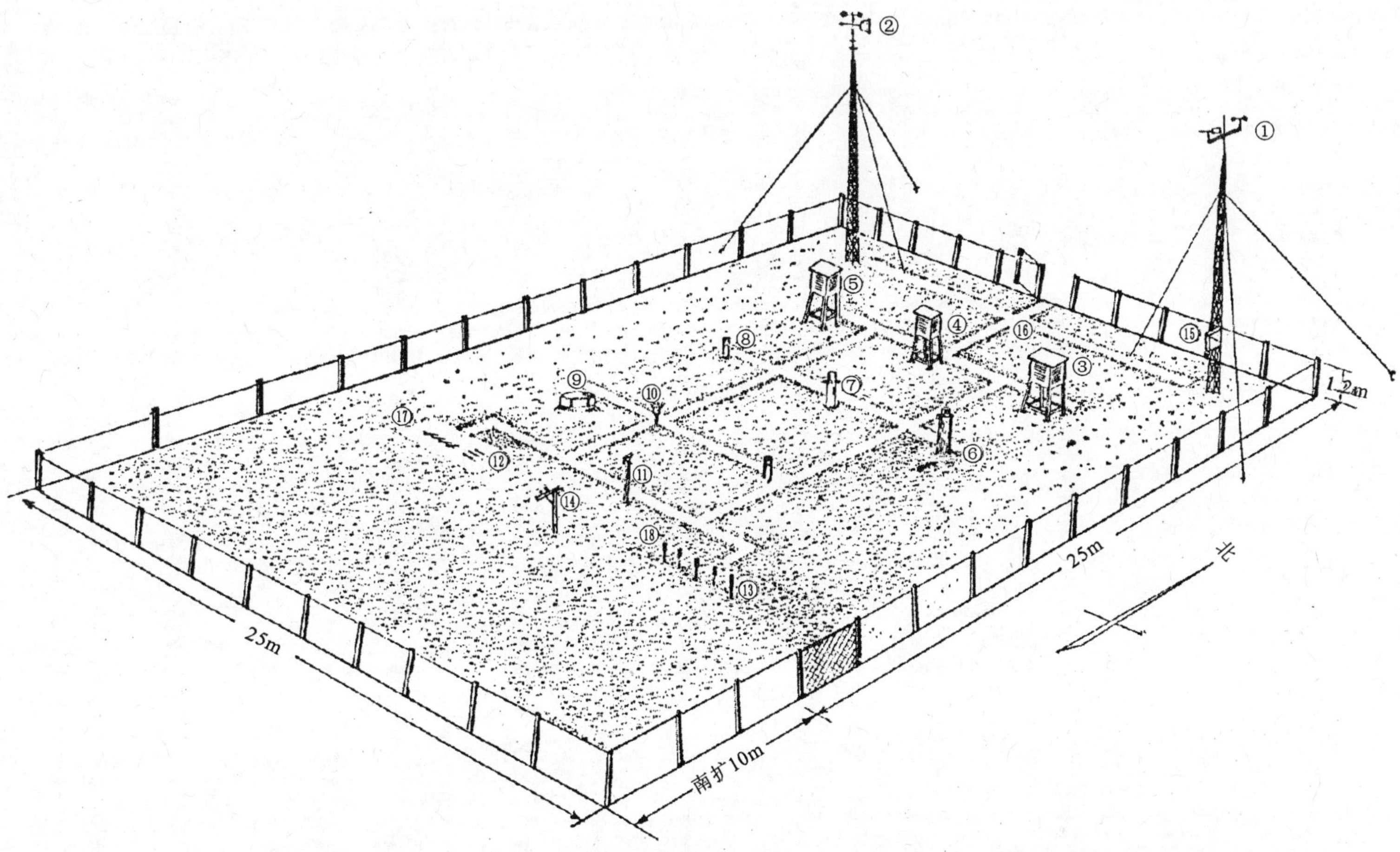

①风向风速传感器；②风向风速计感应器；③温湿度传感器；④简易百叶箱；⑤温度计、湿度计；⑥虹吸式雨量计；⑦翻斗式雨量传感器；⑧雨量筒；⑨E601B蒸发桶、蒸发传感器；⑩小型蒸发器；⑪日照计；⑫地面温度表、浅层地温表及传感器；⑬深层地温表及传感器；⑭辐射表；⑮自动站采集器及气压传感器；⑯积冰架；⑰草温传感器；⑱冻土器

图 1-1　气象站场地仪器布置示意图

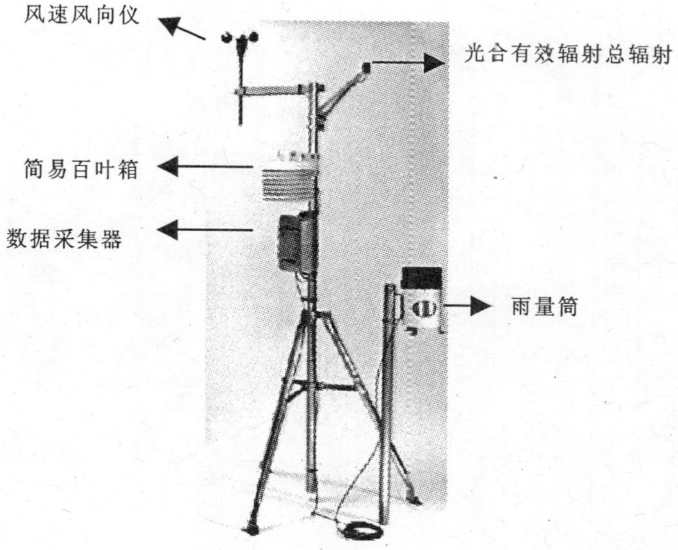

图 1 - 2　HOBO 小型自动气象站

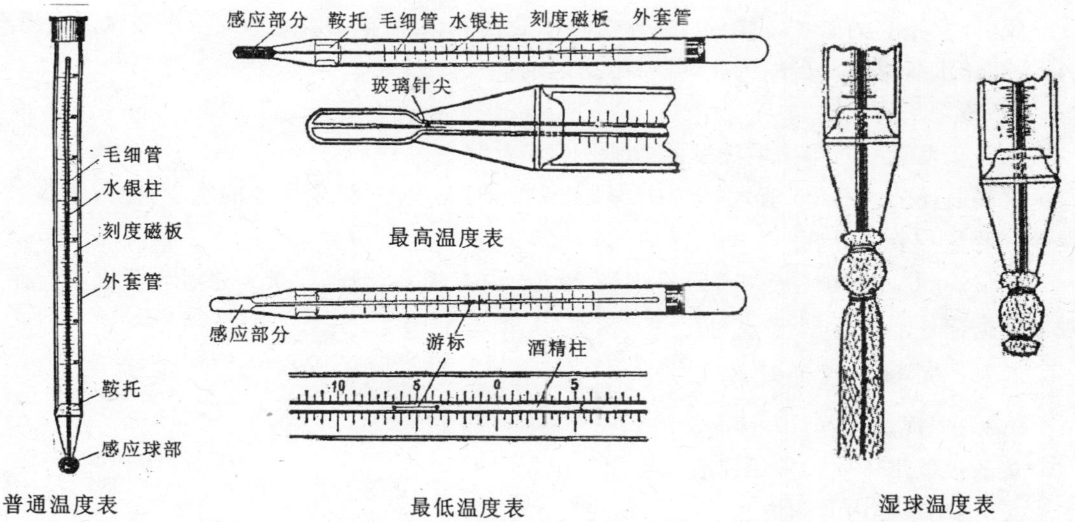

图 1 - 3　各种温度表

大气湿度利用百叶箱中干湿球温度表来观测。干球温度表测量空气温度，湿球温度表感应球部包扎着纱布，纱布用蒸馏水浸湿，并保持湿润状态。

从百叶箱干湿表读取干球温度和湿球温度后，可以由《百叶箱干湿表空气相对湿度查算表》查出水汽压、相对湿度和露点温度。观测数据记录于表 1 - 1 中。

3.2　降水和蒸发的观测

3.2.1　观测仪器

观测仪器有雨量器、小型蒸发皿，如图 1 - 4 和图 1 - 5 所示。

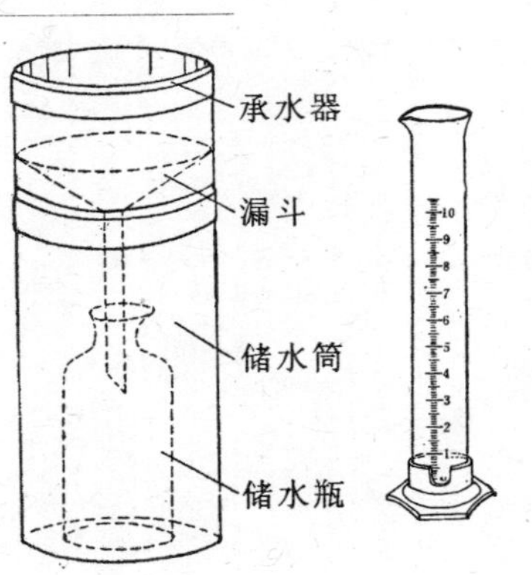

图 1-4　雨量筒和雨量杯

图 1-5　小型蒸发器

3.2.2　观测内容与方法

(1)降水观测

降水的观测包括降水量观测和降水强度观测，观测时还要记录降水的起止时间和种类。仪器通常用雨量器，如图 1-4 所示，以 mm 为单位，精确到 0.1mm。

观测时，用空的储水瓶将积有降水的储水瓶换下，然后把储水瓶中的水慢慢地倒入雨量杯内，直到储水瓶里的水倒净为止，并将数据记录于表 1-1 中。

(2)蒸发量的观测

测定蒸发量一般用小型蒸发器，如图 1-5 所示。

观测前，注入 20mm 清水，记为原量，经 24 小时蒸发后，记录剩余的水量，记为余量，故蒸发量＝原量－余量。

如果观测时段(前一天 20 时～当天 20 时)内有降水，则蒸发量＝原量＋降水量－余量。观测数据记录于表 1-1 中。

3.3　风和气压的观测

3.3.1　观测仪器

观测仪器用轻便风向风速表和空盒气压表。

3.3.2　观测内容与方法

(1)风的观测

风的观测包括风向和风速两个方面。通常采用轻便风向风速表观测，如图 1-6 所示。

使用时按下轻便风向风速表的风速按钮，启动风速表后，风杯随风转动，一分钟后自动停止计时，风速指针也停止转动，风向指针指示出当时的风向，风速可直接从刻度盘上读取。

(2)气压的观测

气压观测是测定作用在单位面积上的大气压力，实习中采用空盒气压表观测气压，如图 1-7 所示。观测时根据指针在刻度盘上位置，即可读得当时的气压值。

风和气压观测数据均记录于表 1-1 中。

表 1－1　温度湿度数据记录表

<table>
<tr><td></td><td colspan="2">项目</td><td>读数</td><td>干湿差</td><td>相对湿度</td><td>水汽压</td><td>露点温度</td></tr>
<tr><td rowspan="4">小百
叶箱</td><td colspan="2">干球温度</td><td></td><td rowspan="2"></td><td rowspan="2"></td><td rowspan="2"></td><td rowspan="2"></td></tr>
<tr><td colspan="2">湿球温度</td><td></td></tr>
<tr><td colspan="2">最高温度</td><td></td><td colspan="4" rowspan="2">观测时间：　　年　月　日　　时　　分</td></tr>
<tr><td colspan="2">最低温度</td><td></td></tr>
<tr><td colspan="4">项目</td><td>表号</td><td>读数</td><td>器差</td><td>订正后</td></tr>
<tr><td rowspan="3">地面温度</td><td colspan="3">普通温度表</td><td></td><td></td><td></td><td></td></tr>
<tr><td colspan="3">最高温度表</td><td></td><td></td><td></td><td></td></tr>
<tr><td colspan="3">最低温度表</td><td></td><td></td><td></td><td></td></tr>
<tr><td rowspan="4">浅层地温</td><td colspan="3">5cm</td><td></td><td></td><td></td><td></td></tr>
<tr><td colspan="3">10cm</td><td></td><td></td><td></td><td></td></tr>
<tr><td colspan="3">15cm</td><td></td><td></td><td></td><td></td></tr>
<tr><td colspan="3">20cm</td><td></td><td></td><td></td><td></td></tr>
<tr><td rowspan="4">深层地温</td><td colspan="3">40cm</td><td></td><td></td><td></td><td></td></tr>
<tr><td colspan="3">80cm</td><td></td><td></td><td></td><td></td></tr>
<tr><td colspan="3">160cm</td><td></td><td></td><td></td><td></td></tr>
<tr><td colspan="3">320cm</td><td></td><td></td><td></td><td></td></tr>
<tr><td colspan="8">观测时间：　　年　　月　　日　　时　　分</td></tr>
</table>

<table>
<tr><td rowspan="2">降水量
(mm)</td><td colspan="4">蒸发量(mm)</td><td>观测时间</td></tr>
<tr><td>原量</td><td>降水量</td><td>余量</td><td>蒸发量</td><td rowspan="2"></td></tr>
<tr><td></td><td>20.0</td><td></td><td></td><td></td></tr>
</table>

<table>
<tr><td>风速(m/s)</td><td>风向(°)</td><td>大气压(kPa)</td><td>观测时间</td></tr>
<tr><td></td><td></td><td></td><td></td></tr>
<tr><td colspan="4">观测组：</td></tr>
</table>

3.4　自动气象观测系统

观测站内 HOBO 便携式气象站，它的工作原理是：各传感器的感应元件随着气象要素的变化，输出的电量产生变化，被数据采集所采集，经过线性和定量化处理，得出各个气象要素值，存储于采集器中。本气象站可采集到不同时间内的气温、气压、日照、降水、露点温度、风速风向数据，分析出一定时间内，各气象要素的变化规律，详见实习一。

3.5　地温观测

3.5.1　观测仪器

观测仪器有直管地温表、曲管地温表。

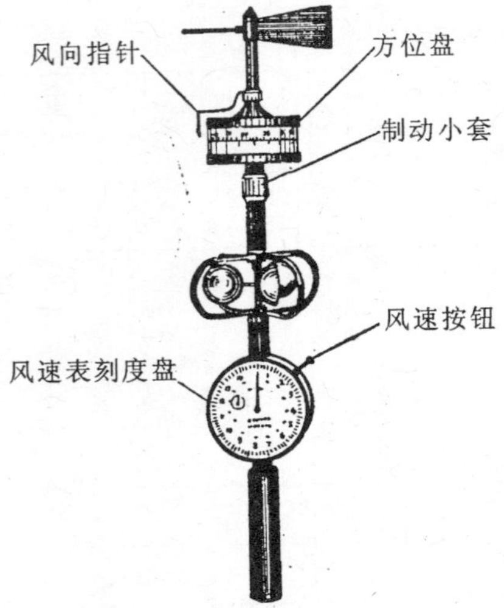

图 1-6　DEM6 型三杯轻便风向风速表

图 1-7　空盒气压表

3.5.2　观察内容与方法

曲管地温表用来测量浅层土壤温度，一套曲管地温表通常有 4 支，分别插入地表不同的深度测量，如图 1-8、图 1-9 所示。

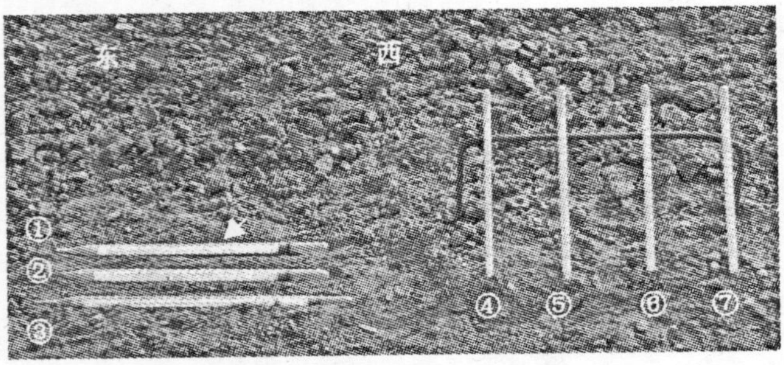

图 1-8　曲管温度计

①最高地表温度计；②最低地表温度计；③采集时的地温温度计；
④⑤⑥⑦分别为深度 5cm、10cm、15cm 和 20cm 的曲管温度计

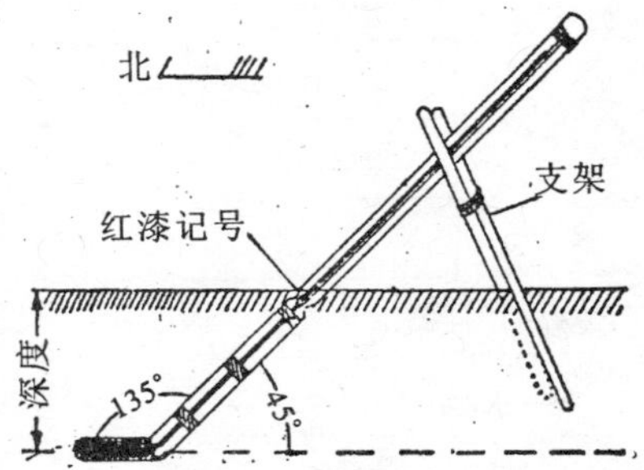

图 1-9　曲管温度计安装方法

直管地温表安置在观测场地南边有自然覆盖物（草皮）2m×4m 地段上，与地面最低温度表和曲管地温表成一直线，从东向西，彼此间隔 50cm，用来测深层地温，如图 1-10 所示。

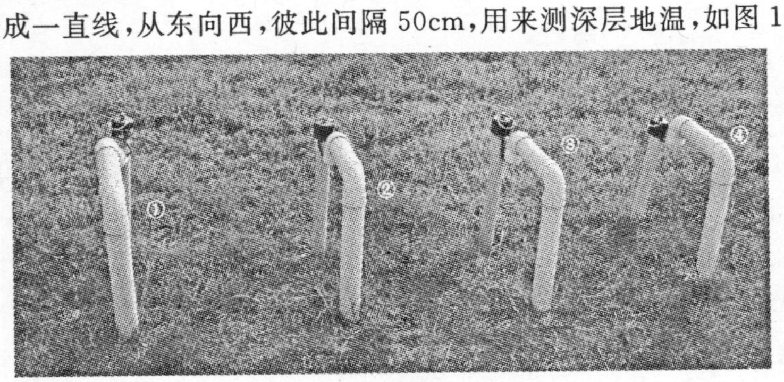

图 1-10　直管温度计

①②③④分别为深度 40cm、80cm、160cm 和 320cm 的直管温度计

地温观测的顺序为地面普通温度表→地面最高温度表→地面最低温度表。读数时，不得将地温表拿离地面进行读数。观测数据记入表1-1中。

思考题

1. 气象站为什么要设置在开阔地区？
2. 日气温变化的规律是什么？为什么？
3. 影响雨量计数据观测精度的因素有哪些？

实验二　流速仪与断面流量观测

一、实验目的

1. 掌握基本的测速工具和使用方法。
2. 掌握断面测线与垂向测速方法。
3. 学习测流的计算方法。
4. 学习堰测法测断面流量。

二、实验仪器

毕托管测速仪（毕托管、比压计、测深杆）、旋浆式流速仪、旋杯式流速仪、F101 便携式流速仪、三角堰、平口堰。

三、实验内容

3.1　流速仪的认识

认识了解旋浆式流速仪、旋杯式流速仪等流速仪的工作原理。

3.2　明渠断面流速的测量

3.2.1　仪器主要结构和实验原理（图 2-1）

自循环明渠为宽 12cm、长约 200cm 的水槽，固定毕托管的固定托板可以沿水槽滑动，滑板可以左右移动，这样可以实现测不同位置、不同深度的点流速。

工作原理：毕托管是由两根同心圆的小管组成。A 管通头部顶端小孔，B 管与离头部顶端为 $3d$ 的断面上的环形孔相通，并将其与比压计相连。从比压计上读取可测得动静水头值，从而推求流速。

为了提高量测的精度，将比压计斜放成 α 角，若两测压管水面的读数差为 ΔL，则有 $\Delta h=\Delta L\sin\alpha$，从而可以求得测点的流速表达式：

$$u=C\sqrt{2g\Delta h}=C\sqrt{2g\Delta L\sin\alpha}$$

式中：C——流速修正系数，对不同结构的毕托管，其值由率定。

3.2.2　实验步骤

(1)测速前排气

测速之前，首先要对毕托管、比压计进行排气。排气方法：比压计三通管注入有一定压力的水流，使水和空气由毕托管喷出，冲水约 3 分钟，将毕托管浸入防气盒静水中。然后打开三通管，在大气压强下比压计测管中的水面下降，待降到便于测读的位置时，用止水夹夹紧三通管。此时比压计两测管中的水面应该齐平，否则要重新冲水排气，直至两管水面齐平后方能进

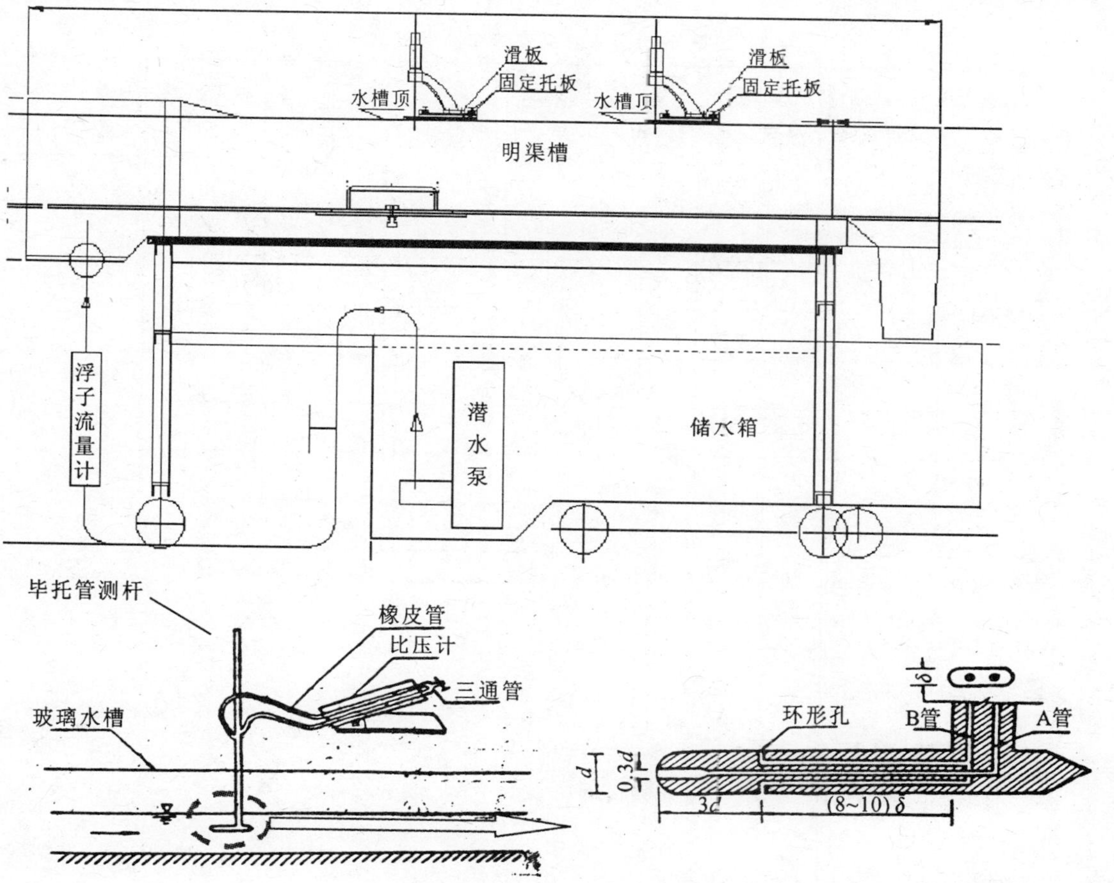

图 2-1　自循环明渠和毕托管测速示意图

行测速工作。同时毕托管嘴必须正对流向。

(2)测水深

打开水槽进水阀门，调节阀门，将水深控制在 20cm 左右。用测深杆测水深 h。

(3)布点

在同一断面上布置两条垂线，每条垂线布置 4 个测点。测点布置要求是：毕托管最高点在水面以下 2cm，最低点为毕托管的半径(0.4cm)，其余各点均布其中。

(4)测量

按所布置的垂线及测点位置自下而上进行测量。例如：把毕托管首先放在第一条垂线上，即水槽的中心线($B_1=6$cm)。接着把毕托管放到槽底，同时测读固定毕托管测杆标尺上的读数，稍待稳定后，再测读比压计上的读数 L_1、L_2，这就完成了第 1 个测点的工作。然后将毕托管依次提升，直至水面下 2cm 那一点为止。其他各条垂线的测量方法同上述步骤一样，并把各条垂线各测点相应的距离和高度记录在垂线流速分布测定表 2-1 中。

(5)读数

读出浮子流量计的读数，并与计算结果比较。

表 2－1　垂线流速分布测定表

垂线编号	测点编号	毕托管测杆读数	测点到槽底高度	斜比压计读数		ΔL(cm)	$\Delta h=\Delta L\sin30^\circ$(cm)	测点流速 u(cm/s)	垂线平均流速 $\bar{u}$(cm/s)
				L_1(cm)	L_2(cm)				
1 (B_1=6cm)	1								
	2								
	3								
	4								
2 (B_2=3cm)	1								
	2								
	3								
	4								

槽底测针读数________cm；测针尖接触水面时的读数__________cm；测针量得水深 h=_________cm。

四、实验资料整理

1. 根据实验数据，绘制测线垂向流速分布图。
2. 根据断面测流原理，计算明渠断面的流量。

思考题

1. 毕托管、比压计排气不净，为什么会影响量测精度？
2. 为什么必须将毕托管头正对水流方向？如何判断毕托管是否正对流向？
3. 比压计安放位置的高低，是否影响量测数据？为什么？
4. 断面流速分布受哪些因素的影响？
5. 本实验在实验室测流和实际江河测流有何异同？

实习一　气象要素分析计算

1. 下表为 HOBO 自动气象站某日监测数据，利用 Excel 办公软件，试分析各要素的日变化规律。

时间	降水	气压	风速	最大风速	风向	气温	露点	相对湿度	太阳辐射	土壤含水量
时 分	(mm)	(kPa)	(m/s)	(m/s)	(°)	(℃)	(℃)	(%)	(W/m²)	(m³/m³)
0∶48	0.0	101.525	0	0	9.8	9.82	5.17	72.75	0.6	0.130 59
1∶48	0.0	101.535	0.19	2.04	355.2	12.16	4.34	58.75	0.6	0.130 59
2∶48	0.0	101.525	0.19	1.67	199.4	12.16	2.81	52.75	0.6	0.130 59
3∶48	0.0	101.475	0.37	2.04	248.5	11.77	2.32	52.25	0.6	0.130 59
4∶48	0.0	101.445	0.37	1.86	237.3	12.16	2.27	50.75	0.6	0.131 01
5∶48	0.0	101.455	0.37	2.23	258.3	12.16	2.4	51.25	0.6	0.130 59
6∶48	0.0	101.495	0.37	2.41	241.5	12.16	3.07	53.75	0.6	0.130 59
7∶48	0.0	101.535	0	1.3	240.1	11.77	3.85	58.25	21.9	0.130 59
8∶48	0.0	101.595	0	0.74	165.7	12.16	3.72	56.25	30.6	0.130 16
9∶48	0.0	101.655	0	0.93	168.5	12.55	3.7	54.75	15.6	0.130 16
10∶48	0.0	101.715	0	1.48	101.1	12.16	7.73	74.25	18.1	0.130 16
11∶48	0.0	101.705	0.19	1.48	192.3	12.55	8.3	75.25	46.9	0.130 59
12∶48	0.2	101.605	0	1.3	176.9	13.32	9.34	76.75	115.6	0.130 59
13∶48	0.0	101.485	0.37	2.04	188.1	14.09	9.08	71.75	53.1	0.130 59
14∶48	0.0	101.425	0.19	1.48	182.5	14.47	9.13	70.25	60.6	0.130 59
15∶48	0.0	101.415	0	1.11	202.2	14.85	9.29	69.25	49.4	0.131 01
16∶48	0.0	101.445	0	0	137.6	13.7	11.29	85.25	23.1	0.131 01
17∶48	0.8	101.485	0	1.11	169.9	12.55	12.14	97.25	0.6	0.131 86
18∶48	0.2	101.525	0	2.97	192.3	12.16	13.67	110.25	0.6	0.132 29
19∶48	0.2	101.545	0	0	178.3	11.77	13.27	110.25	0.6	0.132 29
20∶48	0.0	101.585	0	0.19	171.3	11.77	13.27	110.25	0.6	0.132 29
21∶48	0.0	101.595	0.93	3.71	175.5	11.77	13.27	110.25	0.6	0.132 29
22∶48	0.0	101.595	1.67	4.64	164.3	11.77	13.27	110.25	0.6	0.132 29
23∶48	0.0	101.575	1.86	4.45	169.9	11.38	12.88	110.25	0.6	0.131 86

2. 下表是某流域1953年水文站的气象资料：

项目＼月	1	2	3	4	5	6	7	8	9	10	11	12
月降水量(mm)	0.1	10.0	7.1	9.5	53.9	74.1	189.6	351.3	25.3	4.7	19.6	1.5
月蒸发量(mm)	37.8	21.6	87.7	165.8	169.5	196.2	126.2	65.7	88.5	69.3	29.5	19.5
月平均相对湿度(%)	72.8	84.5	69.5	55.7	68.8	71.3	85.5	93.2	88.8	85.3	83.0	79.0
月平均气温(℃)	−2.7	−0.8	8.1	14.3	20.0	26.1	27.8	24.5	21.4	16.4	7.0	1.0

注：蒸发皿直径80cm，换算为E-601型标准蒸发皿的蒸发量，应乘以折算系数，折算系数本题取0.8。

完成并回答下列问题：

(1)在同一坐标纸上，绘制该流域全年的月降水量和累计降水量曲线。

(2)在同一坐标纸上，绘制该流域全年的主要气象要素变化图：月降水量和蒸发量变化曲线、温度变化曲线、湿度变化曲线。

(3)根据该气象站资料，计算全年降水量、蒸发量和全年平均气温。

3. 某流域面积20.0km²，设有10个雨量站，各站控制面积与一次实测降雨过程列入下表中。求：

(1)本次降雨的流域平均降雨过程和总降雨量。

(2)在同一坐标图中，绘制时段平均雨强过程线和累积降雨量过程线。

雨量站及编号	控制面积 f_i(km²)	权重 $w_i(=f_i/F)$	时段雨量 P_i							
			13～14时		14～15时		15～16时		16～17时	
			P_i	w_iP_i	P_i	w_iP_i	P_i	w_iP_i	P_i	w_iP_i
N1	2.2		3.4		81.1		9.7		1.4	
N2	1.79		5		60		11		0.7	
N3	2.35		7.5		33.5		21.3		0.9	
N4	1.68		0.5		21.5		9.7		1.8	
N5	1.97		11.5		46.5		15		1.7	
N6	1.77		14.1		65.9		17		1.6	
N7	2.83		8.5		45.7		9.8		0.2	
N8	1.58		1.1		36.8		7.8		0.9	
N9	1.33		1.1		28.1		12.7		0.8	
N10	2.5		14.5		40.9		9.4		0.7	
全流域 F	20									
全流域降水(mm)										
总雨量(mm)										

4. 下图(比例尺1∶100 000)给出了某地径流实验站流域雨量站分布及其某一次降水资料(流域面积为38.75km²)，试回答下列问题：

(1)利用区域平均降水计算方法求该流域的平均次降水量值，要求选择以下其中两种方法计算并对结果进行比较：①算术平均法；②泰森多边形法；③等雨量线法。

(2)用等雨量线法,绘制本次降水深度与累计面积关系曲线。

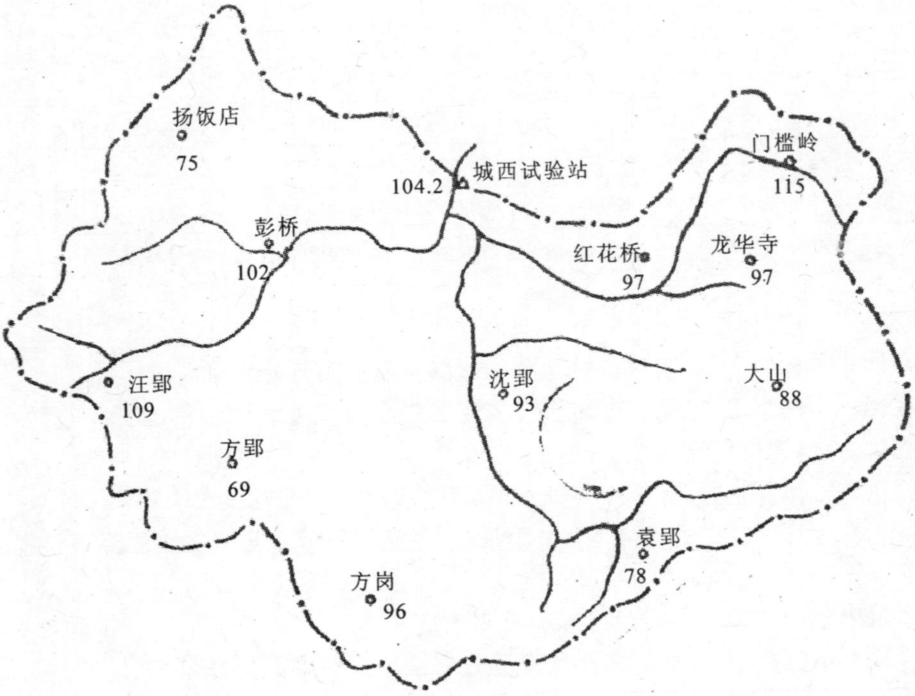

某地径流实验站算术平均法求平均降水量

实习二　水文计算

1. 某流域面积为 500km^2，流域多年平均雨量为 1 000mm，多年平均流量为 6m^3/s，问该流域多年平均流域蒸发量为多少？若修建一座水库，水库面积为 10km^2，当地实测蒸发器读数的多年平均值为 950mm，蒸发器折算系数为 0.8，问建库后该流域的径流量是增加还是减少？建库后的多年平均流量是多少？

2. 已知某河从河源至河口总长(L)为 5 500m，其纵断面如下图所示，A、B、C、D、E 各点地面高程分别为 48m、24m、17m、15m、14m，各河段长度 L_1、L_2、L_3、L_4 分别为 800m、1 300m、1 400m、2 000m，试推算该河流的平均纵比降。

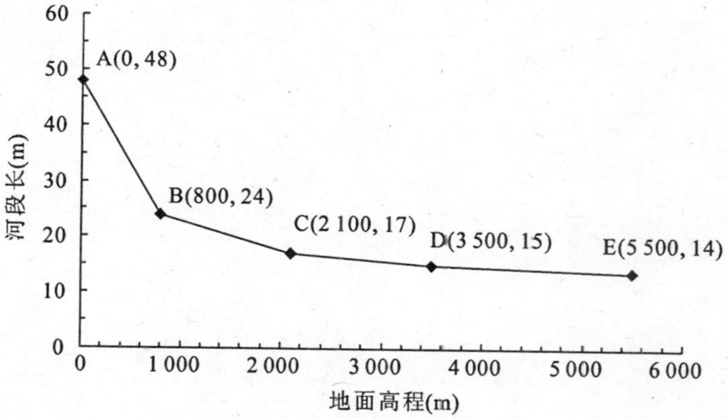

3. 某流域在某年 7 月 12 日至 25 日的逐日平均降雨量、流域蓄水容量 W_m 及 7 月份流域蒸发能力 E_m 等资料如下表所示，试推求 7 月 17 至 25 日逐日的前期影响雨量 Pa。

日期(月，日)	雨量 P(mm)	前期影响雨量 Pa(mm)	备注
7，　12	6.0		7 月份 E_m＝4.4mm/d W_m＝80.0mm 16 日前连续降水，该日开始时的流域蓄水量可达 W_m
13	12.0		
14	29.0		
15	35.6		
16			
17			
18	22.0		
19			
20	0.3		
21			
22			
23			
24	48.0		
25			

4. 某小流域下渗曲线及一次降雨过程资料分别列入下表，已知降雨开始时流域蓄水量为15.9mm，若雨期蒸散发可忽略不计，试推求该次降雨的地表产流量。

表1　某流域下渗曲线表

时间(min)	0	4.7	11.7	22.1	37.7	59.3	84.5
下渗能力(mm/min)	2.6	1.7	1.14	0.77	0.51	0.4	0.4

表2　某小流域一次降雨过程

时间(min)	36～37	37～38	38～39	39～40	40～41	41～42	42～43
降水量(min)	2	2.6	2	1.2	0.9	0.7	0.8
时间(min)	43～44	44～45	45～46	46～47	47～48	48～49	49～50
降水量(min)	1.8	0.7	1.4	1.3	1.3	1.5	1.1

实习三　流速仪测流资料整理计算

1. 下表为某一次流速仪测流记录数据，请对数据进行分析整理，并计算过水断面流量。

	测线	$v=0.684R/T+0.001$　岸边系数 $\alpha=0.7$												断面面积（m^2）	部分流量（m^3/s）
					流速仪位置				流速(m/s)			测深垂线间			
		起点距（m）	测得水深（m）	水深（m）	相对位置	测点深	总转数（转）	总历时（s）	测点	垂线平均	部分平均	平均水深（m）	间距（m）	部分	
左水边		0.0	0.00	0.00											
1	1	6.0	1.70	1.70	0.6	1.02	70	100							
2	2	12.0	2.50	2.5	0.2	0.50	110	102							
					0.6	1.50	114	104							
					0.8	2.00	105	102							
3	3	18.0	2.35	2.35	0.2	0.47	138	101							
					0.6	1.41	120	108							
					0.8	1.88	118	110							
4	4	24.0	2.05	2.05	0.2	0.41	180	100							
					0.6	1.23	190	103							
					0.8	1.64	167	105							
5	5	30.0	1.80	1.80	0.6	1.08	180	102							
6	6	36.0	1.75	1.75	0.6	1.05	185	106							
7	7	42.0	1.54	1.54	0.6	0.92	160	102							
8	8	45.0	1.46	1.46	0.6	0.88	105	108							
右水边		48.0	0.00	0.00											
断面面积＝					断面的平均流速＝					断面的流量＝					

实习四　水位数据处理

1. 下表是某日水位观测数据,求日平均水位。

时	水位(m)	时	水位(m)
1	3.21	13	4.91
2	3.14	14	5.04
3	2.96	15	5.41
4	3.02	16	6.10
5	3.21	17	6.03
6	3.34	18	5.97
7	3.56	19	5.81
8	3.89	20	5.64
9	4.15	21	5.32
10	4.37	22	4.91
11	4.46	23	4.68
12	4.78	24	4.37

2. 绘制水位—流速、水位—流量关系曲线,并将高水位延长。

水位(m)	断面面积(m^2)	平均流速(m/s)	流量(m^3/s)
322.09	53.7	0.96	51.5
322.36	62.9	1.27	80
323.37	143	1.66	238
322.69	90	1.27	114
324.07	224	1.77	397
328.35	674	2.7	1 820
326.48	459	2.37	1 090
327.70	591	2.56	1 510
325.23	328	2.08	681
325.98	417	2.14	892
330.60	910		

实习五 水文分析计算

1. 某枢纽处实测 21 年的年最大洪峰流量资料(如下表),根据配线法,计算 $P=1\%$ 和 $P=15\%$ 洪峰流量。

年份	洪峰流量 Q_i (m^3/s)	序号	由大到小排列 Q_i (m^3/s)	模比系数 K_i	K_i-1	$(K_i-1)^2$	$P=m/(n+1)\times100\%$
1945	1 540	1					
1946	980	2					
1947	1 090	3					
1948	1 050	4					
1949	1 860	5					
1950	1 140	6					
1951	790	7					
1952	2 750	8					
1953	762	9					
1954	2 390	10					
1955	1 210	11					
1956	1 270	12					
1957	1 200	13					
1958	1 740	14					
1959	883	15					
1960	1 260	16					
1961	408	17					
1962	1 050	18					
1963	1 520	19					
1964	483	20					
1965	794	21					

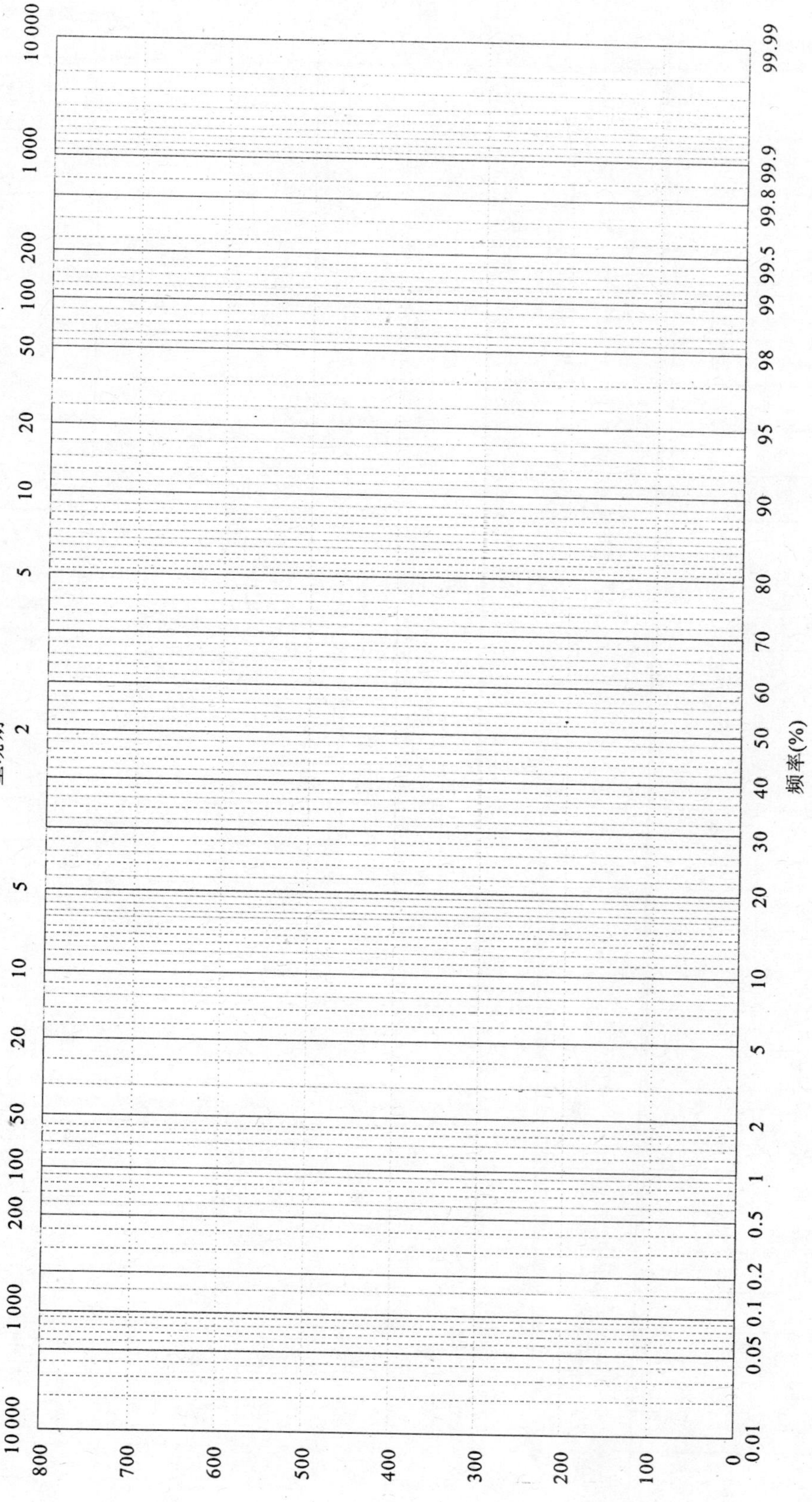
重现期
10 000
1 000
200
100
50
20
10
5
2
5
10
20
50
100
200
1 000
10 000
频率(%)
0.01
0.05
0.1
0.2
0.5
1
2
5
10
20
30
40
50
60
70
80
90
95
98
99
99.5
99.8
99.9
99.99
800
700
600
500
400
300
200
100
0

2. 表中甲、乙两站是某河上下游两邻站，在径流数量上存在相关关系，试列表计算写出回归方程，延长甲站。

年份	甲站	乙站	年份	甲站	乙站
1966		665	1975	560	594
1967		750	1976	514	559
1968		540	1977	438	464
1969		695	1978	377	460
1970		810	1979	462	505
1971	396	430	1980	508	528
1972	596	643	1981	564	614
1973	459	516	1982	543	603
1974	577	664			

3. 某流域一场降雨产生 3 个时段净雨，且已知流域 $\Delta t=6\text{h}$ 的单位线（见下表），试推求出口断面流量过程。

时间（日，时）		地面净雨 H(mm)	单位线 $q(t)$ (m^3/s)	部分地面径流 $h/10q(t)$			地面径流 $Q_s(t)$ (m^3/s)	地下径流 $Q_g(t)$ (m^3/s)	出口断面流量过程 $Q(t)$ (m^3/s)
				$h_1=19.7$	$h_2=9.0$	$h_3=7.0$			
23	8		0.0					20.0	
	14	19.7	44.0					24.0	
	20	9.0	182.0					24.0	
24	2	7.0	333.0					24.0	
	8		281.0					30.0	
	14		226.0					30.0	
	20		156.0					30.0	
25	2		121.0					26.0	
	8		83.0					26.0	
	14		60.0					26.0	
	20		40.0					26.0	
26	2		23.0					24.0	
	8		11.0					24.0	
	14		6.0					24.0	
	20		4.0					22.0	
27	2		0.0					22.0	
	8							20.0	
	14							20.0	

主要参考文献

1. 华北水利水电学院. 工程水文学精品课程电子教案
2. 中国气象局. 地面气象观测规范，2003
3. 詹道江，叶守泽编. 工程水文学[M]. 中国水利电力出版社，2005
4. 雒文生，宋星原主编. 工程水文及水利计算(第二版)[M]. 2010